Alladoum Didjenban

Justice pour Elle...

Alladoum Didjenban

Justice pour Elle...

Aux victimes du viol !

Éditions Muse

Imprint

Cover image: www.ingimage.com

Publisher:
Éditions Muse
is a trademark of
Dodo Books Indian Ocean Ltd., member of the OmniScriptum S.R.L Publishing group
str. A.Russo 15, of. 61, Chisinau-2068, Republic of Moldova Europe
Printed at: see last page
ISBN: 978-620-3-86431-1

Alladoum Didjenban

Justice pour ELLE...

Aux victimes du viol !

Poésie

Alladoum Didjenban

Justice pour ELLE

Aux victimes du viol !

Poésie

A

Ces filles violées sans JUSTICE
Ma société incomprise
Les Hommes de bonne foi
Mes futures filles encore inconnues…

« Ma sœur inconnue, je sais, tu souffres énormément dans ton corps. Tu te demandes quel crime as-tu commis et tant d'autres questions. Je partage ta peine, petite sœur et je pleure au plus profond de moi... Ma sœur tchadienne, sois brave et courageuse ! Je te porte dans mon cœur ! »

Ton frère tchadien poète !

PREFACE

Ce livre a été écrit avec un cœur meurtri, un cœur qui pleure, un cœur remplit de compassion et dans un moment difficile. Il ne se veut une œuvre de plaisance, non ! Ce livret se veut juste une œuvre de JUSTICE pour ces filles qui se font violer jour et nuit en plein jour face à une justice impuissante dans une société où y'a des hommes intouchables, privilégiés, choyés et des sous-hommes, des objets, des moins que rien… Une fille est une mère, sœur, femme, amie. Elle a droit au respect, droit à la protection et à la sécurité et non à des violences sous toutes leurs formes.
C'est avec un cœur remplit de tristesse que j'ai décidé d'écrire ce « livre » et, c'est partie d'un constant.
Je me demande si violer une fille est devenu un acte de bravoure et légalisé ? Si violer une fille est ce qui fait véritablement de nous des hommes ? Mon Dieu, mais dans quelle société sommes-nous ? Une jeune fille ne mérite vraiment pas mieux que cette vie ?

De là où ‘’je viens’’, une fille est un trésor et mérite tout ce qui est amour, protection, respect et sécurité. Même si de là où ‘’je viens’’ est dans la tête, du moins pour le moment !
Cher (ère)lecteur (trice), espérant te captiver tout au long de ta lecture, je te souhaite bonne lecture !

Alladoum Didjenban
L'auteur

1- Je suis ELLE

Je n'ai que 14 ans

Pour ma famille, je ne suis qu'une mineure

Mais ils ont osé me violer,

Ces enfants des dignitaires

Pour satisfaire leur libido,

Ils ont fait de moi leur jouet sexuel

Faisant fi de mon âge

Je n'ai que 14 ans

Ma société, quel mal ai-je commis ?

Quel crime ai-je commis pour mériter une telle chose?

Juste parce que je suis une fille ?

Juste parce que je suis dans une société anormale ?

Je n'ai que 14 ans

Mes bourreaux, qu'est-ce que je vous ai fait de mal ?

Ne suis-je pas votre petite sœur ?

Ne suis-je pas votre fille ?

Pourquoi ? Quel cœur vous avez ?

En fait, je n'ai que 14 ans !

2- Cris de cœur

Ma société, je pleure

Mes forces me quittent

Je n'ai que de larmes

Naître fille est-ce un crime ?

Sexe féminin est-ce une fatalité ?

Maman Sobdibé n'affirmera jamais ça !

Non, je ne suis pas une malédiction !

Mon cœur saigne,

Mon bel avenir s'en est envolé

Que mes larmes qui m'inondent

Je n'ai que 14 ans

Je mérite le meilleur

Et vous m'offrez un fardeau pour toute une éternité

Pourquoi ?

Je ne dirai pas pourquoi moi ? Car je ne souhaite à aucune fille !

Mais pourquoi ?

Ma société, je pleure

Mon cœur saigne !

Sauve-moi !

3- Violeur-voleur

Oui, écoutez-moi !

Oui, vous, ces violeurs !

J'allais dire mes violeurs !

Vous n'êtes que des lâches !

Vous n'êtes que des voleurs !

Vous n'êtes que des sauvages !

Vous n'êtes que des fils des démons !

Vous êtes l'incarnation du diable !

Oui, vous, ces violeurs !

Vous n'êtes que des voleurs !

Vous avez volé ma dignité !

Vous avez volé ma dignité de femme !

Je vous hais, je vous déteste !

Vous êtes des cauchemars !

Vous êtes des sans-cœurs !

Oui, vous ces violeurs !

C'est à vous que je m'adresse !

Vous êtes que des voleurs, des démons !

Je vous déteste !

4- Je suis femme

Je suis femme et ta mère

Je suis femme et ta sœur

Je suis femme et non ton objet sexuel

Quel cœur as-tu ?

Quel homme es-tu ?

Dis-le-moi, mon frère !

Quel Dieu pries-tu ?

Dis-le-moi, mon fils ?

Quelle fierté tires-tu en me violant ?

C'est là ta bravoure ?

Non, reviens à toi, mon fils, mon frère !

Je suis une femme, je suis une mère et sœur

Je mérite ton respect

Je mérite ta protection

Pour te dire vrai, je ne mérite pas d'être ton objet sexuel !

5- Royaume des intouchables

Je viens d'un Royaume quelque part sur la terre

Ce Royaume où la femme n'a aucun respect

Ce Royaume où la femme n'est qu'un objet de satisfaction de libido des dignitaires intouchables

Ce Royaume où les violeurs sont plus protégés et choyés que les victimes

Ce Royaume où les femmes violées n'ont que les yeux pour pleurer

Ce Royaume où les femmes sont obligées de vivre avec des prédateurs sexuels sauvages

Oui, je viens de ce Royaume

Ce Royaume n'est pas imaginaire

Il est bien réel sur cette terre

Ce Royaume où les femmes se demandent chaque jour, peur au ventre : demain, à qui le tour ? Dois-je fuir ce Royaume ? Dois-je me suicider pour éviter une telle humiliation ?

Oui, je viens de ce Royaume !

6- Papa Toumaï

Papa Toumaï, j'ai une question à te poser

Dis-moi, papa, quel genre de frères m'as-tu laissé ?

Des frères violeurs ?

Papa, pourquoi pas des frères protecteurs ?

Papa Toumaï, mon âme souffre

Papa Toumaï, mon corps tremble

Tu m'as laissé des frères violeurs et sans-cœurs pourquoi ?

Papa, je mérite vraiment ces frères ?

Ils me font peur

Ils ne sont que des violeurs

Papa Toumaï, s'il te plaît, reviens !

Tes fils perdent le nord !

Ils ne sont plus des protecteurs comme tes fils Sao

Ils sont mauvais !

7- S'il vous plaît, arrêtez !

Vous vous souvenez, mes bourreaux ?

N'est-ce pas de cette façon je vous suppliais d'arrêter de me violer ?

N'est-ce pas de cette façon je vous demandais d'avoir la crainte de Dieu ?

Non, vous êtes juste des inhumains !

Malgré ces supplications,

Vous n'avez guère pris pitié

Vous m'avez violé et filmé

Je n'ai cessé de vous dire « ***S'IL VOUS PLAIT, ARRETEZ !*** »
Mais que de nenni pour vous ! Vous avez quel cœur ?

8- Et maintenant ?

Et maintenant, qui suis-je ?

La pauvre jeune fille violée sans défense ?

La pauvre jeune de 15 ans violée que la JUSTICE ne peut rien pour elle ?

Ma société, dis-moi !

Qui suis-je à présent ?

Réponds-moi la justice de chez moi !

La fille qui sera obligée de vivre avec ça toute sa vie ?

La fille qui verra ses violeurs jouir de leur liberté comme si de rien n'était ?

Papa et maman, qui suis-je à présent ?

Ma Justice, me laisseras-tu tomber ?

Ma société, et maintenant, qui suis-je ?

Dites-moi, qui suis-je à présent ?

9- Je suis....

Je suis non seulement ELLE

Je suis toutes ces filles violées dans ce Royaume des intouchables

Qui vivent avec la peur au ventre et qui espèrent qu'un jour la justice leur sera rendue

Je suis toutes ces filles violées dans ce Royaume des intouchables

Que la Justice a étouffé l'affaire parce que des violeurs sont des intouchables

Je suis non seulement ELLE

Je suis toutes ces filles violées et assassinées par leurs violeurs

Ces filles qui ne supportent plus de se voir dans un glass parce qu'elles ont perdu leurs dignités

Ces filles qui pour vivre en paix, quittent leur pays

Je suis non seulement ELLE

Je suis Merem[1]
Je suis Zouhoura[2]

Je suis maman Mopar Célestine[3]

Je suis....je suis...

---

[1] Jeune fille tchadienne de 15 ans violée, 2021

[2] Jeune fille tchadienne violée en 2016

[3] Femme tchadienne violée et tuée par ses violeurs à 5h du matin alors qu'elle partait à une messe matinale, 2019

10- Merem, soit forte

Oui, ma petite, soit forte !

Tu as encore une vie pleine devant toi

En te violant, ils ont violé la femme Tchadienne

Ils ont violé l'honneur et la dignité de la femme Tchadienne

Ma petite, je n'ai que mes mots pour te réconforter

Je n'ai que mes yeux pour pleurer

Je n'ai que ma plume pour condamner

Meram, sois forte !

Ces démons, même s'ils échappent à la justice humaine, ils n'échapperont à la justice divine

Ne baisse pas les bras car ta vie ne vient que commencer !

Sois ange, ils regretteront !

Ma plume te soutiens

Sois courageuse et forte !

11- Lettre à ma petite sœur tchadienne

Ma sœurette adorée tchadienne, c'est avec un grand remords et profonde douleur que je t'écris cette lettre. Tout comme toi, je me demande avec larmes aux yeux dans quel monde on vit ? Où va ce monde ? Est-ce la fin du monde qui s'approche ainsi chez nous ? Je sais qu'actuellement, vu tout ce que tu traverses (viol, ''bafouement'' de dignité, humiliation,…), tu vis avec la peur bleue au ventre et c'est normal. Moi de même je vis avec cette même sensation. Comment nous sommes passés du monde de bien du monde du mal ? Comment nous avons laissés la bestialité prendre le dessus en peu de temps ? Tant de questions me taraudent l'esprit, ma bien-aimée petite tchadienne. J'ai éperdument mal. Faut être un sans-cœur pour te fixer regard sans passer au remords !

Ma petite tchadienne, tu mérites le mieux. Tu ne mérites pas cette vie, non ! Comment nous tes frères sommes tombés

ci bas ? Comment nous avons osés ? Et après, brandir fièrement que nous craignons Dieu ? Non, j'ai honte de nos actes, crois-moi, petite ! J'ai terriblement honte ! Je veux tout simplement que cette terre s'ouvre et se renferme sur moi. Faire souffrir une sœur, une mère, une femme, une fille, c'est cela être homme ? C'est là la bravoure ? Si tel est le cas, je préfère renoncer à mon genre ! Si tel est le cas, je préfère ne mieux être humain !
Ma petite sœur, je t'avoue avec sincérité, j'ai honte de moi, honte de te regarder en face, honte de me prononcer comme homme… Tu peux me croire !

Je me demande qu'est-ce qui arrive à mes frères ? Qu'est-ce qui n'a pas marché ?...
Ma petite tchadienne adorée, je sais que ton cœur est meurtri actuellement, que tu as un cœur en colère mais trouve une place dans ton cœur pour me pardonner pour mon manquement qu'est de te protéger et non te violer !

Ma petite, au nom de mes frères, suis vraiment désolé ! Je m'en voudrais pour toute l'éternité !

12- Aux victimes du viol !

A vous, je n'ai que ma plume pour vous pleurer

Je n'ai que mes yeux pour pleurer

Mes sœurs, ma plume s'incline devant vous

Vous demandes d'être fortes et courageuses

Elle vous pleure !

Mes mères, je me demande dans quel monde sommes-nous ?

Vous méritez mieux ! Vous méritez le meilleur !

Vous êtes des sources de vie

Vous êtes nos femmes

Vous êtes nos mères,

Vous êtes nos sœurs

Non, vous méritez mieux que le viol !

Vous méritez mieux que ce monde

Où l'on fait de vous que des objets sexuels

Oui, mon corps vous pleure

Mon cœur vous souhaite le meilleur

Ma plus vous rends hommage et vous demandes d'être fortes

Aux victimes du viol,

Je suis de tout cœur avec vous !

Ma plume ne cesserait de maudire ces démons

Qui vous violent et vous prennent pour des objets sexuels !

13- L'argent contre ma dignité ?

Chers parents, pourquoi vous faites ça ?

Pourquoi acceptez-vous d'échanger ma dignité contre l'argent ?

Pourquoi à chaque qu'on me viole, vous acceptez de prendre l'argent pour étouffer l'affaire ?

L'argent vaut mieux que ma dignité ?

L'argent a plus d'honneur que moi, votre fille ?

Chers parents, pourquoi encourager ces genres de choses ?

Ne voyez-vous pas que vous participez à la destruction de nos vies, nous vos filles ?

Non, papa et maman, je vaux mieux que cet argent !

Je vaux mieux que ces objets de luxe que l'on vous offre pour vous faire taire sur mon cas de viol

Non, chers parents, j'ai droit à une JUSTICE !

J'ai droit à une dignité et un honneur !

L'argent contre ma dignité de femme ?

Pourquoi faites-vous ça ? Parce que pauvres et impuissants ?

Je ne mérite pas ça !

De grâce, honorez ma dignité !

14- Lettre à ma société

Ma société, c'est avec un cœur meurtri que moi, ta fille de 14 ans je t'écris cette lettre

De tout cœur, j'espère que tu la liras

Ma société, sans passer par le dos de la cuillère, je souffre, et pour dire vrai, je souffre terriblement

Chaque jour que Dieu fait, la peur ne cesse de m'envahir

Oui, la peur de vivre des choses horribles sous ton égard et ton silence total voire voué aux diables !

Chaque jour que Dieu fait, moi et des filles de mon âge on se fait violer par tes fils démons et ta justice reste muette face à cette situation. Pourquoi cela ? Parce que nous sommes des pauvres et sans défense ? Parce que tu as tes enfants privilégiés qui peuvent faire tout ce qu'ils veulent et nous d'autres à supporter les maux qu'ils nous causent ?

Chère société, je n'arrive plus à supporter cette vie. Cette vie qu'est injuste et démoniaque. Cette vie des intouchables et des touchables. Cette vie des méchants.

Ma société, jusqu'à quand on va continuer ainsi ? Dis-moi ! Jusqu'à quand nous tes filles allons vivre en toute quiétude ? Jusqu'à quand tes enfants intouchables vont continuer à faire de nous des objets sexuels ?

Maman société, sans autant blasphémer, est-ce Dieu existe par ici ? Dieu est-il du côté des méchants ? Ne voit-il pas nos larmes qui coulent jour et nuit ? N'entend-il pas nos prières et nos cris de chaque jour ? Mais bon Dieu !

Société, j'ai un cœur en lambeau, j'ai un cœur meurtri, j'ai un cœur qui ne cesse de pleurer...

A 6ans, on me viole ; à 7 ans, on me viole ; à 8 ans, on me viole ; à 9 ans, on me viole ; à 10 ans, on me viole ; à 11 ans, on me viole ;... mais finalement, quelle est cette histoire ? Pourquoi restes-tu silencieuse ? Parce que ce sont tes enfants bien-aimés ? Ma société, c'est tout juste injuste ! Comment peux-tu permettre de telles choses ?

Ma société, si tu parviens sincèrement à lire cette lettre, je demande du fond de mon être que de la JUSTICE, PROTECTION et SÉCURITÉ pour nous tes enfants sans défense, nous tes enfants pauvres...

Ma société, tu ne peux imaginer comment je souffre intérieurement. Tu ne peux imaginer comment je m'arrange à surmonter ces maux...

Ma chère société, je pleure amèrement, moi ta fille violée et sans défense.

J'attends de toi une réponse qui changera les choses ! Merci de m'avoir lu !

Une de tes filles violée et qui vit avec la peur bleue au ventre !

15- Ma société et ses enfants

Si la société faisait blâme
Qu'elle n'oublie pas ces harpies
Je m'inscris en faible homme
Et vous, des supers infinis

Société, j'en connais qui aiment
Et toi, la mienne, tu n'es que dépotoir
Pour toi, l'amour n'est qu'anathème
Et ne cesse de nous dominer, le désespoir

Société, j'en connais qui unissent
Toi, rien que de la division
Tu n'engendres que des chefs qui haïssent
Dire, pour l'avenir, pas de vision ?

Chefs, ma patte est fidèle

Elle vénère le bon sens

Rendez cette société loyale

Là où vos vies semblent sans sens

Mes phénix sont sirupeux

N'ont pas droit à une vie meilleure ?

Leurs larmes, l'euphorie de vous, dieux ?

Même Hugo, ses hirondelles sont douces et meilleures !

Majestés, vous m'avez fait sous-fifre

J'ai ce liquide rouge entre les mains

Et vous, l'ivresse du pouvoir

De toutes les façons, je ne suis qu'un opprimé

Si la société faisait reproche

Qu'elle s'attaque à ces Lucifer

Contre ces personnes, j'ai un cœur en roche

Qu'ils nous exposent plus comme des êtres aux fers !

Guides, société d'en face nous devance

Eh bien, ce n'est pas grave car nous avons toujours des armes !

Sèchement votre belle réponse !

Mais ici, des familles fondent toujours en larmes

Seigneurs, notre éducation ne tient plus

Eh bien, on a toujours des champs de bataille !

Que veux-tu encore, pauvre bipède, de plus ?

Ici, le plus important c'est d'être champion en bataille !

.....

Mais j'aime cette société

Non celle qui attriste présentement

Plutôt celle qui sera métamorphosée

Par un fort consentement...

16- Touche pas à ma sœur

Démon, ne touche pas à ma sœur
Quel homme es-tu ?
Elle t'a fait quoi pour mériter un tel traitement ?
Pourquoi l'a volé sa dignité ? Son honneur ?
Ne touche pas à ma sœur, homme de mauvaise foi !
Elle est mon trésor
Elle est ma source de joie
Elle est ma source de vie
Je dis, ne la touche pas !
Elle mérite le bonheur
Elle mérite le respect
Je te préviens, laisse-la tranquille !
Ne voit pas en elle un objet sexuel
Ne voit pas en elle un objet de satisfaction de ton libido
Ne voit pas en elle qu'une simple fille !
Démon, ne touche pas à ma sœur !

17- Mon frère !

Frère,
Je croyais en toi
Je t'aimais
T'étais pour moi un grand-frère
Je voyais en toi un protecteur et ami fidèle
Mais qu'est-ce qui t'ai arrivé ?
Pourquoi t'es-tu transformé subitement en
violeur ?
N'est-ce pas tu m'appelais ma petite-sœur ?
N'est-ce pas tu me disais sans cesse que tu
seras toujours là pour moi ?
Pourquoi tu as décidé du coup de prendre
ma virginité par la force ?
Pourquoi m'as-tu volé ma dignité, mon
frère ?
Je t'aimais, tu sais, grand frère
Pour toi, c'était juste ma virginité par la
force ton plan ?
Je te l'aurai donnée autrement mais pas de
cette manière, frère
Es-tu maintenant fier de toi ? Tu as déjà
atteint ton objectif ?
Frère, tu es méchant, tu es sans-cœur
Frère, pourtant je t'aimais
Je voyais un toi un bon frère mais hélas !
Je te déteste à présent. Tu es mauvais !

Printed by Books on Demand GmbH, Norderstedt / Germany